AF388819

LA GONIOMÉTRIE,

OU L'ART DE TRACER SUR LE PAPIER

DES ANGLES DONT LA GRADUATION EST CONNUE,

ET D'ÉVALUER

LE NOMBRE DE DEGRÉS D'UN ANGLE DÉJA TRACÉ,

ACCOMPAGNÉ

D'UNE TABLE DES CORDES POUR LE RAYON 10000;

Par L.-B. FRANCŒUR,

Professeur de la Faculté des Sciences de Paris et du Collége royal de Charlemagne, etc.

PARIS,

DE L'IMPRIMERIE DE HUZARD-COURCIER, RUE DU JARDINET.

1820.

GONIOMÉTRIE.

LORSQU'ON veut tracer sur le papier un angle dont la graduation est connue, ou évaluer le nombre de degrés d'un angle déjà tracé, on a coutume de se servir d'un *Rapporteur;* c'est un demi-cercle de cuivre ou de corne, divisé en degrés de zéro à 180. Nous croyons inutile de nous arrêter à expliquer l'usage d'un instrument aussi simple; il suffit de faire remarquer qu'il ne peut guère donner qu'un résultat grossièrement approché, même quand son étendue permet de le diviser en demi-degrés.

Pour obtenir plus de précision, on arme le rapporteur d'une alidade mobile, qui, à l'aide d'un vernier, donne les minutes. Dans cet état, l'instrument a, il est vrai, des avantages certains; mais, outre que le prix en est assez élevé, il ne tient pas toute l'exactitude qu'il promet. Non-seulement quand les plans ont un peu d'étendue, (comme dans le tracé des cadrans solaires, et beaucoup d'autres cas) on est obligé de prolonger les rayons au-delà du limbe, ce qui altère un peu la précision; mais les personnes qui font un fréquent usage du rapporteur, savent combien il est difficile de faire coïncider son centre avec le sommet de l'angle, sur-tout à raison de l'épaisseur du crayon qui doit raser l'alidade pour venir aboutir à ce centre.

Le moyen qui offre le plus de précision pour tracer des angles donnés, est assurément de se servir des longueurs des lignes trigonométriques qui les mesurent. *La table ci-jointe est destinée à donner les cordes des arcs, le rayon étant* 10 000. On cherche le degré proposé en tête des colonnes, et on descend jusqu'à la ligne des minutes, qu'on voit indiquées dans la première et la dernière colonne de chaque page.

Veut-on, par exemple, la longueur de la corde de l'arc de 31° 48′ ? on cherche la colonne marquée 31°, et on y descend jusqu'à la ligne de 48′; on trouve : 5479 c'est-à-dire que dans un cercle dont le rayon est 10 000, la corde de l'arc de 31° 48′, est 5479. Par conséquent, pour construire un angle C (fig. 1) de 31° 48′, on prendra, sur une échelle, une ouverture de compas égale à 10 000 parties; puis, avec ce rayon, que nous représenterons par CD, on tracera un arc de cercle DEB indéfini; et prenant sur la même échelle une ouverture égale à 5479 parties, on la portera sur cet arc de B en D; les droites CB, CD, menées du centre C aux deux points B et D ainsi determinés, formeront entre elles l'angle C demandé, puisque la corde BID est celle d'un arc de 31° 48′ dans notre cercle.

On voit que, si ce tracé est fait avec soin, si les traits sont déliés et les pointes du compas fines et légères, le résultat aura toute la précision désirable, puisque les erreurs se perdront dans l'épaisseur des lignes.

On préfère pour cet usage les échelles de *transversales obliques*, telles qu'on en voit une dans notre planche, fig. 3, parce qu'elles sont propres à donner avec précision les plus petites subdivisions. (Voyez mon *Cours de Mathématiques pures*, tome I, page 251).

Du reste, il n'est pas nécessaire que le rayon ait précisément 10 000 parties de l'échelle ; s'il n'en a que 1000, les cordes seront données par notre table, en négligeant le dernier chiffre à droite, sauf à augmenter d'une unité le chiffre qui précède, quand celui qu'on néglige surpasse 5. Cette remarque s'applique à l'usage de l'échelle qu'on a gravée dans la planche, fig. 3. On pourrait même prendre 100 pour rayon, et négliger les deux chiffres à droite.

Par exemple, le rayon étant 1000, la corde de l'arc de 31° 48′ est 548 ; si le rayon était 100, la corde de cet arc serait 55.

En général, si du sommet S (fig. 2) pris pour centre, on trace deux arcs ABD, *abd*, avec des rayons quelconques, et qu'on mène les cordes AID, *aid*, des arcs interceptés entre les côtés d'un angle ASD, on aura les deux triangles semblables ASDI, *aSdi*, qui donnent la proportion SA : Sa :: AID : *aid* ; ainsi *les cordes des arcs de même graduation sont entre elles comme les rayons de ces arcs*. Quand le rayon d'un cercle est donné, pour obtenir la corde qui, remplaçant celle que donne la table, soutend un arc d'un nombre désigné de degré, on fera donc cette proportion,

Si 10000 répond à tel nombre, corde donnée par la table,
A combien doit répondre le nombre de parties du rayon proposé ?

Par exemple, si le rayon d'un cercle est 517 parties de l'échelle, et qu'on demande la corde de l'arc de 51° 25′ 43″, comme cette corde est 8677, quand le rayon est 10000, on posera

$$10000 : 8677 \quad \text{ou} \quad 1 : 0,8677 :: 517 : x ;$$

on trouve par la multiplication que la corde est 448,6. Pour inscrire un heptagone régulier dans un cercle donné (fig. 4), dont le rayon est 517, comme en divisant 360° par 7, le quotient est 51° 25′ 43″, cet arc est celui que soutend chaque côté de l'heptagone cherché ; il suffira donc d'ouvrir un compas de 449 parties de l'échelle, dont le rayon AC en a 517, et on portera cette corde AB sept fois successives sur la circonférence donnée ; la septième fois, on devra retomber sur le point de départ, sauf les petites erreurs inséparables de toute opération graphique.

On veut tracer un cadran solaire sur un mur; déjà, d'après les règles de la Gnomonique, on a calculé les angles que les diverses lignes horaires doivent former avec la méridienne, et il ne s'agit plus que de tracer ces angles dont on connaît les cordes pour le rayon 10 000. On prendra pour centre celui du cadran, point où viennent converger toutes les lignes horaires, et d'un rayon proportionné à l'étendue de l'aire, on tracera un cercle. Nous supposerons ce rayon de 12 décimètres (environ 3 pieds 8 pouces). On posera autant de proportions qu'on a d'angles à tracer, pour obtenir les cordes des arcs qui mesurent ces inclinaisons dans notre cercle. Par exemple , si l'un de ces angles est de 11° 24′, dont la corde est 1986 , pour le rayon 10 000 , on aura

$$10\ 000 : 12 \text{ décim.}, \text{ ou } 100 : 12 \text{ millim.} :: 1986 : x = 238 \text{ millim.}, 32.$$

On trouvera donc, en millimètres, les longueurs des cordes à porter sur la circonférence, depuis sa section par la méridienne, et il sera très aisé d'achever le tracé du cadran.

Ces exemples suffisent pour faire juger du degré de précision qu'on doit attendre de ce procédé.

Pour *faire un angle droit*, ou de 90°, après avoir tracé un cercle ABD (fig. 5) d'un rayon 10000, on mènera un diamètre AD; puis à partir de A ou de D, on portera sur cette courbe la corde AB ou BD, égale à 14142; enfin on tracera le rayon BC. On pourrait également prendre pour rayon 100, 1000, ou tout autre nombre. Cette construction est un des moyens les plus faciles de *mener une perpendiculaire* BC *sur une droite donnée* AD ; c'est aussi un des plus exacts, puisqu'elle porte avec soi sa vérification dans la condition AB = BD. On peut même par ce procédé, *abaisser une perpendiculaire à l'extrémité d'une ligne, et inscrire un carré dans un cercle donné.*

Si l'on veut tracer un angle de plus de 90°, on en fera le supplément à 180°, puis prolongeant un des côtés, l'angle obtus ainsi formé sera celui qu'on demande. Ainsi, pour faire un angle de 133°, dont le supplément est 47°, on fera (par la construction fig. 1) l'angle BCD (fig. 6) de 47°, et l'ouverture BCA sera de 133°. Cette manière d'opérer est plus exacte que si l'on eût employé la corde AB de l'arc BA de 133°, à cause de l'obliquité d'incidence des rayons CB, CA sur cette corde. Nous aurions donc pu nous dispenser d'étendre notre table au-delà de 90°.

Lorsqu'un angle C (fig. 1) est tracé sur le papier, pour le mesurer, on prend un rayon CD de 10 000 parties, et du sommet, comme centre, on trace un arc BED; puis on mesure la distance BID des points de section par les côtés, et on la porte sur l'échelle pour avoir le nombre des parties contenues dans cette corde; il ne reste plus qu'à chercher ce nombre dans notre table, pour y trouver la graduation de l'angle.

On peut aussi prendre le rayon CD de 1000, de 100, ou de tout autre nombre de parties, sauf à réduire le nombre de la corde BD dans le rapport de CD à 10000, puisqu'on a $CD:BD::10000:x$ (*voyez* page 4). Ainsi *on divisera la corde* BD *par le rayon* CD, à l'aide des fractions décimales; puis on multipliera par 10000, en reculant la virgule de 4 rangs à droite; le nombre résultant cherché dans notre table y répond à la graduation demandée. Par exemple, si le rayon CD est de 339 et la corde BD de 186; comme 186 divisé par 339 donne 0,5478, en cherchant 5478 dans la table, on reconnaît que l'angle C est de 31°48'.

Nous ne nous arrêterons pas à exposer comment on peut diviser un angle donné en parties égales, puisqu'il ne s'agit que de le mesurer, et de former un angle dont la graduation soit égale à celle du quotient qu'on obtient en divisant cette mesure par le nombre donné.

La ligne des cordes du compas de proportion est divisée d'après les principes qu'on vient d'exposer. Deux règles sont mobiles à la manière d'un compas, autour d'une charnière qui réunit deux des bouts; une droite, tracée sur chaque règle, aboutit au centre de la charnière, point à partir duquel on porte sur l'une et l'autre de ces droites, des longueurs égales aux cordes des arcs de degré en degré, telles que la table les donne.

Pour décrire un angle donné, on ouvre l'instrument à volonté; soient SA, SD (fig. 2) les lignes des cordes, S la charnière; avec un compas on prend la distance AD qui sépare les points A et D où sont inscrits les n°ˢ 60, en sorte que AS soit la corde de 60°, côté de l'hexagone, égal au rayon 10000. On prendra cette ouverture AD pour rayon d'un cercle, dans lequel on veut trouver la corde qui, dans ce cercle, répond à l'arc dont on a donné la graduation; laissant le compas de proportion ouvert, comme il l'était d'abord, on prendra la distance ad qui sépare les n°ˢ de cette graduation. Pour un angle de 47°, on prend l'ouverture ad où sont inscrits les n°ˢ 47. En effet, on a $SA:AD::Sa:ad$, et comme SA est la corde de 60°, ou le rayon 10000, et Sa la corde de 47° pour ce même rayon; ad est donc la corde de 47° pour le rayon AD.

On a donc, dans le compas de proportion, un instrument doué de toute la précision de notre procédé, et qui, dispensant des calculs, permet de prendre le rayon du cercle à volonté. Mais cette exactitude est limitée par la nécessité de n'y marquer que les degrés, et de n'ouvrir les branches que jusqu'à 90°, pour que l'obliquité d'incidence des rayons sur la corde mesurée, n'entraîne pas d'erreurs. Ainsi en admettant même qu'un compas de proportion fût divisé avec soin, il ne serait encore propre qu'à donner un moyen de tracer les angles d'un nombre juste de degrés, ce qui ne se rencontre presque jamais : d'ailleurs ce procédé réduit les rayons des arcs à de très petites dimensions.

On peut concevoir un instrument d'un usage plus étendu et qu'on pourra employer avec un grand avantage. C'est une règle (fig. 7) divisée selon les rapports des accroissemens des cordes, pour un rayon déterminé qui dépendra de la longueur de la règle. Cet instrument, que nous nommerons *Angulograde*, portera sur son bord les divisions de degré en degré, et même de 6' en 6', si l'étendue le permet ; le rayon du cercle sera la longueur de la corde de 60°. Pour faire un angle d'une graduation donnée, il suffira de tracer un arc de cercle avec ce rayon, et de porter sur cet arc la longueur donnée par la règle, ou simplement d'appliquer cette règle de manière à couper un segment, le zéro répondant à un point de l'arc, et le n° de graduation à un autre point. Les ingénieurs, les architectes, etc., ne peuvent se passer du secours des règles, et l'angulograde leur servira en même temps aux usages ordinaires.

Il est vrai qu'il sera utile d'avoir des angulogrades de diverses longueurs, pour les cas où les angles auraient des étendues diverses. Nous croyons que cet instrument peut présenter de grands avantages. On en trouve de très bien divisés chez M. Kutsch, habile ingénieur, rue de la Tixeranderie, n° 60 ; en outre il y a gravé des échelles qui peuvent avoir bien des usages, indépendamment de ceux dont nous avons traité : les prix sont de 5 à 10 fr.

Nous terminerons, en faisant observer que nos tables peuvent aussi donner les sinus et cosinus de tous les arcs. En effet, en prolongeant *un sinus*, on voit qu'*il est la moitié de la corde double*, ce qu'on exprime par

$$\sin a = \tfrac{1}{2} \text{ corde } 2a.$$

En doublant un arc, cherchant la corde dans la table, et prenant la moitié, on a donc le sinus de cet arc. Pour 40°, je cherche le sinus de 80° qui est 12856 ; la moitié 6428 est le sinus de 40°, le rayon étant 10000.

Quant au cosinus, il est le sinus du complément à 90°. Le cosinus de 40° est le sinus de 50, qu'on trouve = 7660.

Quand l'arc passe 90°, le sinus et le cosinus sont égaux à ceux du supplément à 180°.

Les cordes (*inscriptæ*) ont de tout temps été employées à la mesure des angles ; et si, pour la facilité des calculs, on a dû leur préférer les sinus, elles conservent tous leurs avantages dans les opérations graphiques. Notre Table et l'instrument dont nous proposons l'usage, sont construits dans ce but, et nous avons pensé qu'ils seraient d'une utilité générale.

M.	0°	1°	2°	3°	4°	5°	6°	7°	8°	9°	10°	11°	M.
0′	0	175	349	524	698	872	1047	1221	1395	1569	1743	1917	0′
1	3	77	52	26	701	75	50	24	98	72	46	20	1
2	6	80	55	29	04	78	53	27	1401	75	49	23	2
3	9	83	58	32	07	81	55	30	04	78	52	26	3
4	12	86	61	35	10	84	58	33	07	81	55	28	4
5	15	89	64	38	13	87	61	35	10	84	58	31	5
6	17	92	66	41	15	90	64	38	13	87	61	34	6
7	20	95	69	44	18	93	67	41	15	89	63	37	7
8	23	98	72	47	21	96	70	44	18	92	66	40	8
9	26	201	75	50	24	99	73	47	21	95	69	43	9
10	29	204	378	553	727	901	1076	1250	1424	1598	1772	1946	10
11	32	07	81	56	30	04	79	53	27	1601	75	49	11
12	35	09	84	58	33	07	82	56	30	04	78	52	12
13	38	12	87	61	36	10	84	59	33	07	81	55	13
14	41	15	90	64	39	13	87	62	36	10	84	57	14
15	44	18	93	67	42	16	90	65	39	13	87	60	15
16	47	21	96	70	45	19	93	67	42	16	89	63	16
17	49	24	98	73	47	22	96	70	44	18	92	66	17
18	52	27	401	76	50	25	99	73	47	21	95	69	18
19	55	30	04	79	53	28	1102	76	50	24	98	72	19
20	58	233	407	582	756	931	1105	1279	1453	1627	1801	1975	20
21	61	36	10	85	59	33	08	82	56	30	04	78	21
22	64	39	13	88	62	36	11	85	59	33	07	81	22
23	67	41	16	90	65	39	14	88	62	36	10	83	23
24	70	44	19	93	68	42	16	91	65	39	13	86	24
25	73	47	22	96	71	45	19	94	68	42	16	89	25
26	76	50	25	99	74	48	22	96	71	45	18	92	26
27	79	53	28	602	76	51	25	99	73	47	21	95	27
28	81	56	30	05	79	54	28	1302	76	50	24	98	28
29	84	59	33	08	82	57	31	05	79	53	27	2001	29
30	87	262	436	611	785	960	1134	1308	1482	1656	1830	2004	30
31	90	65	39	14	88	62	37	11	85	59	33	07	31
32	93	68	42	17	91	65	40	14	88	62	36	10	32
33	96	71	45	19	94	68	43	17	91	65	39	12	33
34	99	73	48	22	97	71	45	20	94	68	42	15	34
35	102	76	51	25	800	74	48	23	97	71	45	18	35
36	105	79	54	28	03	77	51	25	1500	74	47	21	36
37	108	82	57	31	06	80	54	28	02	76	50	24	37
38	111	85	60	34	08	83	57	31	05	79	53	27	38
39	113	88	62	37	11	86	60	34	08	82	56	30	39
40	116	291	465	640	814	989	1163	1337	1511	1685	1859	2033	40
41	119	94	68	43	17	92	66	40	14	88	62	36	41
42	122	97	71	46	20	94	69	43	17	91	65	38	42
43	125	300	74	49	23	97	72	46	20	94	68	41	43
44	128	03	77	51	26	1000	75	49	23	97	71	44	44
45	131	05	80	54	29	03	77	52	26	1700	73	47	45
46	134	08	83	57	32	06	80	55	29	03	76	50	46
47	137	11	86	60	35	09	83	57	31	05	79	53	47
48	140	14	89	63	38	12	86	60	34	08	82	56	48
49	143	17	92	66	40	15	89	63	37	11	85	59	49
50	145	320	494	669	843	1018	1192	1366	1540	1714	1888	2062	50
51	148	23	97	72	46	21	95	69	43	17	91	65	51
52	151	26	500	75	49	23	98	72	46	20	94	67	52
53	154	29	03	78	52	26	1201	75	49	23	97	70	53
54	157	32	06	81	55	29	04	78	52	26	1900	73	54
55	160	35	09	83	58	32	06	81	55	29	1902	76	55
56	163	37	12	86	61	35	09	84	58	32	05	79	56
57	166	40	15	89	64	38	12	86	60	34	08	82	57
58	169	43	18	92	67	41	15	89	63	37	11	85	58
59	172	46	21	95	69	44	18	92	66	40	14	88	59
60	175	349	524	698	872	1047	1221	1395	1569	1743	1917	2091	60

M.	12°	13°	14°	15°	16°	17°	18°	19°	20°	21°	22°	23°	M.
0′	2091	2264	2437	2611	2783	2956	3129	3301	3473	3645	3816	3987	0′
1	93	67	40	13	86	59	32	04	76	48	19	90	1
2	96	70	43	16	89	62	34	07	79	50	22	93	2
3	99	73	46	19	92	65	37	10	82	53	25	96	3
4	2102	76	49	22	95	68	40	12	84	56	28	99	4
5	05	79	52	25	98	71	43	15	87	59	30	4002	5
6	08	81	55	28	2801	73	46	18	90	62	33	04	6
7	11	84	58	31	04	76	49	21	93	65	36	07	7
8	14	87	60	34	07	79	52	24	96	68	39	10	8
9	17	90	63	36	09	82	55	27	99	70	42	13	9
10	2119	2293	2466	2639	2812	2985	3157	3330	3502	3673	3845	4016	10
11	22	96	69	42	15	88	60	33	04	76	48	19	11
12	25	99	72	45	18	91	63	35	07	79	50	22	12
13	28	2302	75	48	21	94	66	38	10	82	53	24	13
14	31	05	78	51	24	96	69	41	13	85	56	27	14
15	34	07	81	54	27	99	72	44	16	88	59	30	15
16	37	10	84	57	30	3002	75	47	19	90	62	33	16
17	40	13	86	60	32	05	78	50	22	93	65	36	17
18	43	16	89	62	35	08	80	53	25	96	68	39	18
19	46	19	92	65	38	11	83	55	27	99	70	42	19
20	2148	2322	2495	2668	2841	3014	3186	3358	3530	3702	3873	4044	20
21	51	25	98	71	44	17	89	61	33	05	76	47	21
22	54	28	2501	74	47	19	92	64	36	08	79	50	22
23	57	31	04	77	50	22	95	67	39	10	82	53	23
24	60	33	07	80	53	25	98	70	42	13	85	56	24
25	63	36	10	83	55	28	3200	73	45	16	88	59	25
26	66	39	12	85	58	31	03	76	47	19	90	61	26
27	69	42	15	88	61	34	06	78	50	22	93	64	27
28	72	45	18	91	64	37	09	81	53	25	96	67	28
29	74	48	21	94	67	40	12	84	56	28	99	70	29
30	2177	2351	2524	2697	2870	3042	3215	3387	3559	3730	3902	4073	30
31	80	54	27	2700	73	45	18	90	62	33	05	76	31
32	83	57	30	03	76	48	21	93	65	36	08	79	32
33	86	59	33	06	78	51	23	96	67	39	10	81	33
34	89	62	36	09	81	54	26	98	70	42	13	84	34
35	92	65	38	11	84	57	29	3401	73	45	16	87	35
36	95	68	41	14	87	60	32	04	76	48	19	90	36
37	98	71	44	17	90	63	35	07	79	50	22	93	37
38	2200	74	47	20	93	65	38	10	82	53	25	96	38
39	03	77	50	23	96	68	41	13	85	56	27	98	39
40	2206	2380	2553	2726	2899	3071	3244	3416	3587	3759	3930	4101	40
41	09	83	56	29	2902	74	46	19	90	62	33	04	41
42	12	85	59	32	04	77	49	21	93	65	36	07	42
43	15	88	61	34	07	80	52	24	96	68	39	10	43
44	18	91	64	37	10	83	55	27	99	70	42	13	44
45	21	94	67	40	13	86	58	30	3602	73	45	16	45
46	24	97	70	43	16	88	61	33	05	76	47	18	46
47	26	2400	73	46	19	91	64	36	08	79	50	21	47
48	29	03	76	49	22	94	67	39	10	82	53	24	48
49	32	06	79	52	25	97	69	41	13	85	56	27	49
50	2235	2409	2582	2755	2927	3100	3272	3444	3616	3788	3959	4130	50
51	38	11	85	58	30	03	75	47	19	90	62	33	51
52	41	14	87	60	33	06	78	50	22	93	65	35	52
53	44	17	90	63	36	09	81	53	25	96	67	38	53
54	47	20	93	66	39	11	84	56	28	99	70	41	54
55	50	23	96	69	42	14	87	59	30	3802	73	44	55
56	53	26	99	72	45	17	89	62	33	05	76	47	56
57	55	29	2602	75	48	20	92	64	36	08	79	50	57
58	58	32	05	78	50	23	95	67	39	10	82	53	58
59	61	34	08	81	53	26	98	70	42	13	85	55	59
60	2264	2437	2611	2783	2956	3129	3301	3473	3645	3816	3987	4158	60

CORDES DE 24 A 36 DEGRÉS.

M.	24°	25°	26°	27°	28°	29°	30°	31°	32°	33°	34°	35°	M.
0′	4158	4329	4499	4669	4838	5008	5176	5345	5513	5680	5847	6014	0′
1	61	32	4502	72	41	10	79	48	16	83	50	17	1
2	64	34	05	75	44	13	82	50	18	86	53	20	2
3	67	37	08	77	47	16	85	53	21	89	56	22	3
4	70	40	10	80	50	19	88	56	24	91	59	25	4
5	72	43	13	83	53	22	90	59	27	94	61	28	5
6	75	46	16	86	55	24	93	62	30	97	64	31	6
7	78	49	19	89	58	27	96	64	32	5700	67	34	7
8	81	52	22	92	61	30	99	67	35	03	70	36	8
9	84	54	25	94	64	33	5202	70	38	05	72	39	9
10	4187	4357	4527	4697	4867	5036	5204	5373	5541	5708	5875	6042	10
11	90	60	30	4700	69	39	07	76	43	11	78	45	11
12	92	63	33	03	72	41	10	78	46	14	81	47	12
13	95	66	36	06	75	44	13	81	49	17	84	50	13
14	98	69	39	08	78	47	16	84	52	19	86	53	14
15	4201	71	42	11	81	50	19	87	55	22	89	56	15
16	04	74	44	14	84	53	21	90	57	25	92	58	16
17	07	77	47	17	86	55	24	92	60	28	95	61	17
18	09	80	50	20	89	58	27	95	63	30	97	64	18
19	12	83	53	23	92	61	30	98	66	33	5900	67	19
20	4215	4386	4556	4725	4895	5064	5233	5401	5569	5736	5903	6070	20
21	18	88	59	28	98	67	35	04	71	39	06	72	21
22	21	91	61	31	4901	70	38	06	74	42	09	75	22
23	24	94	64	34	03	72	41	09	77	44	11	78	23
24	26	97	67	37	06	75	44	12	80	47	14	81	24
25	29	4400	70	40	09	78	47	15	83	50	17	83	25
26	32	03	73	42	12	81	49	18	85	53	20	86	26
27	35	05	76	45	15	84	52	20	88	56	22	89	27
28	38	08	78	48	17	86	55	23	91	58	25	92	28
29	41	11	81	51	20	89	58	26	94	61	28	95	29
30	4244	4414	4584	4754	4923	5092	5261	5429	5597	5764	5931	6097	30
31	46	17	87	57	26	95	63	32	99	67	34	6100	31
32	49	20	90	59	29	98	66	34	5602	69	36	03	32
33	52	22	93	62	32	5100	69	37	05	72	39	06	33
34	55	25	95	65	34	03	72	40	08	75	42	08	34
35	58	28	98	68	37	06	75	43	11	78	45	11	35
36	61	31	4601	71	40	09	77	46	13	81	47	14	36
37	63	34	04	73	43	12	80	48	16	83	50	17	37
38	66	37	07	76	46	15	83	51	19	86	53	19	38
39	69	39	09	79	48	17	86	54	22	89	56	22	39
40	4272	4442	4612	4782	4951	5120	5289	5457	5625	5792	5959	6125	40
41	75	45	15	85	54	23	91	60	27	95	61	28	41
42	78	48	18	88	57	26	94	62	30	97	64	30	42
43	80	51	21	90	60	29	97	65	33	5800	67	33	43
44	83	54	24	93	63	31	5300	68	36	03	70	36	44
45	86	56	26	96	65	34	03	71	38	06	72	39	45
46	89	59	29	99	68	37	06	74	41	08	75	42	46
47	92	62	32	4802	71	40	08	76	44	11	78	44	47
48	95	65	35	05	74	43	11	79	47	14	81	47	48
49	98	68	38	07	77	45	14	82	50	17	84	50	49
50	4300	4471	4641	4810	4979	5148	5317	5485	5652	5820	5986	6153	50
51	03	74	43	13	82	51	20	88	55	22	89	55	51
52	06	76	46	16	85	54	22	90	58	25	92	58	52
53	09	79	49	19	88	57	25	93	61	28	95	61	53
54	12	82	52	22	91	60	28	96	64	31	97	64	54
55	15	85	55	24	94	62	31	99	66	34	6000	66	55
56	17	88	58	27	96	65	34	5502	69	36	03	69	56
57	20	91	60	30	99	68	36	04	72	39	06	72	57
58	23	93	63	33	5002	71	39	07	75	42	09	75	58
59	26	96	66	36	05	74	42	10	78	45	11	78	59
60	4329	4499	4669	4838	5008	5176	5345	5513	5680	5847	6014	6180	60

M.	36°	37°	38°	39°	40°	41°	42°	43°	44°	45°	46°	47°	M.
0′	6180	6346	6511	6676	6840	7004	7167	7330	7492	7654	7815	7975	0′
1	83	49	14	79	43	07	70	33	95	56	17	78	1
2	86	52	17	82	46	10	73	35	98	59	20	80	2
3	89	54	20	84	49	12	76	38	7500	62	23	83	3
4	91	57	22	87	51	15	78	41	03	64	25	86	4
5	94	60	25	90	54	18	81	44	06	67	28	88	5
6	97	63	28	93	57	20	84	46	08	70	31	91	6
7	6200	65	31	95	60	23	86	49	11	72	33	94	7
8	02	68	33	98	62	26	89	52	14	75	36	96	8
9	05	71	36	6701	65	29	92	54	16	78	39	99	9
10	6208	6374	6539	6704	6868	7031	7195	7357	7519	7681	7841	8002	10
11	11	76	42	06	70	34	97	60	22	83	44	04	11
12	14	79	44	09	73	37	7200	62	24	86	47	07	12
13	16	82	47	12	76	40	03	65	27	89	49	10	13
14	19	85	50	15	79	42	05	68	30	91	52	12	14
15	22	87	53	17	81	45	08	71	33	94	55	15	15
16	25	90	55	20	84	48	11	73	35	97	57	18	16
17	27	93	58	23	87	50	14	76	38	99	60	20	17
18	30	96	61	25	90	53	16	79	41	7702	63	23	18
19	33	98	64	28	92	56	19	81	43	05	65	26	19
20	6236	6401	6566	6731	6895	7059	7222	7384	7546	7707	7868	8028	20
21	38	04	69	34	98	61	24	87	49	10	71	31	21
22	41	07	72	36	6901	64	27	90	51	13	73	34	22
23	44	10	75	39	03	67	30	92	54	15	76	36	23
24	47	12	77	42	06	69	32	95	57	18	79	39	24
25	49	15	80	45	09	72	35	98	60	21	82	42	25
26	52	18	83	47	11	75	38	7400	62	23	84	44	26
27	55	21	86	50	14	78	41	03	65	26	87	47	27
28	58	23	88	53	17	80	43	06	68	29	90	50	28
29	60	26	91	56	20	83	46	08	70	31	92	52	29
30	6263	6429	6594	6758	6922	7086	7249	7411	7573	7734	7895	8055	30
31	66	32	97	61	25	89	51	14	76	37	98	58	31
32	69	34	99	64	28	91	54	17	78	40	7900	60	32
33	72	37	6602	67	31	94	57	19	81	42	03	63	33
34	74	40	05	69	33	97	60	22	84	45	06	66	34
35	77	43	08	72	36	99	62	25	86	48	08	68	35
36	80	45	10	75	39	7102	65	27	89	50	11	71	36
37	83	48	13	77	41	05	68	30	92	53	14	74	37
38	85	51	16	80	44	08	70	33	95	56	16	76	38
39	88	54	19	83	47	10	73	35	97	58	19	79	39
40	6291	6456	6621	6786	6950	7113	7276	7438	7600	7761	7922	8082	40
41	94	59	24	88	52	16	79	41	03	64	24	84	41
42	96	62	27	91	55	18	81	43	05	66	27	87	42
43	99	65	30	94	58	21	84	46	08	69	30	90	43
44	6302	67	32	97	61	24	87	49	11	72	32	92	44
45	05	70	35	99	63	27	89	52	13	74	35	95	45
46	07	73	38	6802	66	29	92	54	16	77	38	98	46
47	10	76	40	05	69	32	95	57	19	80	40	8100	47
48	13	78	43	08	71	35	98	60	21	82	43	03	48
49	16	81	46	10	74	37	7300	62	24	85	46	05	49
50	6318	6484	6649	6813	6977	7140	7303	7465	7627	7788	7948	8108	50
51	21	87	51	16	80	43	06	68	29	91	51	11	51
52	24	89	54	19	82	46	08	71	32	93	54	13	52
53	27	92	57	21	85	48	11	73	35	96	56	16	53
54	30	95	60	24	88	51	14	76	38	99	59	19	54
55	32	98	62	27	91	54	16	79	40	7801	62	21	55
56	35	6500	65	29	93	56	19	81	43	04	64	24	56
57	38	03	68	32	96	59	22	84	46	07	67	27	57
58	41	06	71	35	99	62	25	87	48	09	70	29	58
59	43	09	73	38	7001	65	27	89	51	12	72	32	59
60	6346	6511	6676	6840	7004	7167	7330	7492	7654	7815	7975	8135	60

M.	48°	49°	50°	51°	52°	53°	54°	55°	56°	57°	58°	59°	M.
0′	8135	8294	8452	8610	8767	8924	9080	9235	9389	9543	9696	9848	0′
1	37	97	55	13	70	27	82	38	92	46	99	51	1
2	40	99	58	15	73	29	85	40	95	48	9701	54	2
3	43	8302	60	18	75	32	88	43	97	51	04	56	3
4	45	04	63	21	78	34	90	45	9400	53	06	59	4
5	48	07	66	23	80	37	93	48	02	56	09	61	5
6	51	10	68	26	83	40	95	50	05	59	11	64	6
7	53	12	71	29	86	42	98	53	07	61	14	66	7
8	56	15	73	31	88	45	9101	56	10	64	17	69	8
9	59	18	76	34	91	47	03	58	13	66	19	71	9
10	8161	8320	8479	8636	8794	8950	9106	9261	9415	9569	9722	9874	10
11	64	23	81	39	96	53	08	63	18	71	24	76	11
12	67	26	84	42	99	55	11	66	20	74	27	79	12
13	69	28	87	44	8801	58	13	68	23	76	29	81	13
14	72	31	89	47	04	60	16	71	25	79	32	84	14
15	75	34	92	50	07	63	19	74	28	81	34	86	15
16	77	36	95	52	09	66	21	76	30	84	37	89	16
17	80	39	97	55	12	68	24	79	33	87	39	91	17
18	83	41	8500	57	14	71	26	81	36	89	42	94	18
19	85	44	02	60	17	73	29	84	38	92	44	97	19
20	8188	8347	8505	8663	8820	8976	9132	9287	9441	9594	9747	9899	20
21	90	49	08	65	22	79	34	89	43	97	50	9902	21
22	93	52	10	68	25	81	37	92	46	99	52	04	22
23	96	55	13	71	28	84	39	94	48	9602	55	07	23
24	98	57	16	73	30	86	42	97	51	04	57	09	24
25	8201	60	18	76	33	89	45	99	54	07	60	12	25
26	04	63	21	78	35	92	47	9302	56	10	62	14	26
27	06	65	23	81	38	94	50	05	59	12	65	17	27
28	09	68	26	84	41	97	52	07	61	15	67	19	28
29	12	71	29	86	43	99	55	10	64	17	70	22	29
30	8214	8373	8531	8689	8846	9002	9157	9312	9466	9620	9772	9924	30
31	17	76	34	92	48	05	60	15	69	22	75	27	31
32	20	78	37	94	51	07	63	17	72	25	78	29	32
33	22	81	39	97	54	10	65	20	74	27	80	32	33
34	25	84	42	99	56	12	68	23	77	30	83	34	34
35	28	86	45	8702	59	15	70	25	79	33	85	37	35
36	30	89	47	05	61	18	73	28	82	35	88	39	36
37	33	92	50	07	64	20	76	30	84	38	90	42	37
38	36	94	52	10	67	23	78	33	87	40	93	45	38
39	38	97	55	12	69	25	81	35	89	43	95	47	39
40	8241	8400	8558	8715	8872	9028	9183	9338	9492	9645	9798	9950	40
41	44	02	60	18	74	31	86	41	95	48	9800	52	41
42	46	05	63	20	77	33	88	43	97	50	03	55	42
43	49	08	66	23	80	36	91	46	9500	53	05	57	43
44	51	10	68	26	82	38	94	48	02	55	08	60	44
45	54	13	71	28	85	41	96	51	05	58	10	62	45
46	57	15	73	31	87	44	99	53	07	61	13	65	46
47	59	18	76	33	90	46	9201	56	10	63	16	67	47
48	62	21	79	36	93	49	04	59	12	66	18	70	48
49	65	23	81	39	95	51	07	61	15	68	21	72	49
50	8267	8426	8584	8741	8898	9054	9209	9364	9518	9671	9823	9975	50
51	70	29	87	44	8900	56	12	66	20	73	26	77	51
52	73	31	89	47	03	59	14	69	23	76	28	80	52
53	75	34	92	49	06	62	17	71	25	78	31	82	53
54	78	37	94	52	08	64	19	74	28	81	33	85	54
55	81	39	97	54	11	67	22	77	30	83	36	87	55
56	83	42	8600	57	14	69	25	79	33	86	38	90	56
57	86	44	02	60	16	72	27	82	36	89	41	92	57
58	89	47	05	62	19	75	30	84	38	91	43	95	58
59	91	50	08	65	21	77	32	87	41	94	46	98	59
60	8294	8452	8610	8767	8924	9080	9235	9389	9543	9696	9848	10000	60

M.	60°	61°	62°	63°	64°	65°	66°	67°	68°	69°	M.
0′	10000	10151	10301	10450	10598	10746	10893	11039	11184	11328	0′
1	003	153	303	452	601	748	895	041	186	331	1
2	005	156	306	455	603	751	898	044	189	333	2
3	008	158	308	457	606	753	900	046	191	335	3
4	010	161	311	460	608	756	903	048	194	338	4
5	013	163	313	462	611	758	905	051	196	340	5
6	015	166	316	465	613	761	907	053	198	342	6
7	018	168	318	467	616	763	910	056	201	345	7
8	020	171	321	470	618	766	912	058	203	347	8
9	023	173	323	472	621	768	915	061	206	350	9
10	10025	10176	10326	10475	10623	10771	10917	11063	11208	11352	10
11	028	178	328	477	626	773	920	065	210	354	11
12	030	181	331	480	628	775	922	068	213	357	12
13	033	183	333	482	630	778	924	070	215	359	13
14	035	186	336	485	633	780	927	073	218	362	14
15	038	188	338	487	635	783	929	075	220	364	15
16	040	191	341	490	638	785	932	078	222	366	16
17	043	193	343	492	640	788	934	080	225	369	17
18	045	196	346	495	643	790	937	082	227	371	18
19	048	198	348	497	645	793	939	085	230	374	19
20	10050	10201	10351	10500	10648	10795	10942	11087	11232	11376	20
21	053	203	353	502	650	797	944	090	234	378	21
22	055	206	356	504	653	800	946	092	237	381	22
23	058	208	358	507	655	802	949	094	239	383	23
24	060	211	361	509	658	805	951	097	242	386	24
25	063	213	363	512	660	807	954	099	244	388	25
26	065	216	366	514	662	810	956	102	246	390	26
27	068	218	368	517	665	812	959	104	249	393	27
28	070	221	370	519	667	815	961	107	251	395	28
29	073	223	373	522	670	817	963	109	254	398	29
30	10075	10226	10375	10524	10672	10820	10966	11111	11256	11400	30
31	078	228	378	527	675	822	968	114	258	402	31
32	080	231	380	529	677	824	971	116	261	405	32
33	083	233	383	532	680	827	973	119	263	407	33
34	086	236	385	534	682	829	976	121	266	409	34
35	088	238	388	537	685	832	978	123	268	412	35
36	091	241	390	539	687	834	980	126	271	414	36
37	093	243	393	542	690	837	983	128	273	417	37
38	096	246	395	544	692	839	985	131	275	419	38
39	098	248	398	547	694	841	988	133	278	421	39
40	10101	10251	10400	10549	10697	10844	10990	11136	11280	11424	40
41	103	253	403	551	699	846	993	138	283	426	41
42	106	256	405	554	702	849	995	140	285	429	42
43	108	258	408	556	704	851	997	143	287	431	43
44	111	261	410	559	707	854	11000	145	290	433	44
45	113	263	413	561	709	856	002	148	292	436	45
46	116	266	415	564	712	859	005	150	295	438	46
47	118	268	418	566	714	861	007	152	297	441	47
48	121	271	420	569	717	863	010	155	299	443	48
49	123	273	423	571	719	866	012	157	302	445	49
50	10126	10276	10425	10574	10721	10868	11014	11160	11304	11448	50
51	128	278	428	576	724	871	017	162	307	450	51
52	131	281	430	579	726	873	019	165	309	452	52
53	133	283	433	581	729	876	022	167	311	455	53
54	136	286	435	584	731	878	024	169	314	457	54
55	138	288	438	586	734	881	027	172	316	460	55
56	141	291	440	589	736	883	029	174	319	462	56
57	143	293	443	591	739	885	031	177	321	464	57
58	146	296	445	593	741	888	034	179	323	467	58
59	148	298	447	596	744	890	036	181	326	469	59
60	10151	10301	10450	10598	10746	10893	11039	11184	11328	11472	60

M.	70°	71°	72°	73°	74°	75°	76°	77°	78°	79°	M.
0′	11472	11614	11756	11896	12036	12175	12313	12450	12586	12722	0′
1	74	16	58	99	39	78	16	53	89	24	1
2	76	19	60	11901	41	80	18	55	91	26	2
3	79	21	63	03	43	82	20	57	93	28	3
4	81	24	65	06	46	84	22	59	95	31	4
5	83	26	67	08	48	87	25	62	98	33	5
6	86	28	70	10	50	89	27	64	12600	35	6
7	88	31	72	13	53	91	29	66	02	37	7
8	91	33	75	15	55	94	32	68	04	40	8
9	93	35	77	17	57	96	34	71	07	42	9
10	11495	11638	11779	11920	12060	12198	12336	12473	12609	12744	10
11	98	40	82	22	62	12201	38	75	11	46	11
12	11500	42	84	24	64	03	41	78	14	48	12
13	02	45	86	27	66	05	43	80	16	51	13
14	05	47	89	29	69	08	45	82	18	53	14
15	07	50	91	31	71	10	48	84	20	55	15
16	10	52	93	34	73	12	50	87	23	57	16
17	12	54	96	36	76	14	52	89	25	60	17
18	14	57	98	38	78	17	54	91	27	62	18
19	17	59	11800	41	80	19	57	93	29	64	19
20	11519	11661	11803	11943	12083	12221	12359	12496	12632	12766	20
21	22	64	05	46	85	24	61	98	34	69	21
22	24	66	07	48	87	26	64	12500	36	71	22
23	26	68	10	50	90	28	66	03	38	73	23
24	29	71	12	52	92	31	68	05	41	75	24
25	31	73	14	55	94	33	70	07	43	78	25
26	33	76	17	57	97	35	73	09	45	80	26
27	36	78	19	59	99	37	75	12	48	82	27
28	38	80	21	62	12101	40	77	14	50	84	28
29	41	83	24	64	04	42	80	16	52	87	29
30	11543	11685	11826	11966	12106	12244	12382	12518	12654	12789	30
31	45	87	29	69	08	47	84	21	56	91	31
32	48	90	31	71	11	49	86	23	59	93	32
33	50	92	33	73	13	51	89	25	61	95	33
34	52	94	36	76	15	54	91	28	63	98	34
35	55	97	38	78	17	56	93	30	65	12800	35
36	57	99	40	80	20	58	96	32	68	02	36
37	60	11702	43	83	22	60	98	34	70	04	37
38	62	04	45	85	24	63	12400	37	72	07	38
39	64	06	47	87	27	65	02	39	74	09	39
40	11567	11709	11850	11990	12129	12267	12405	12541	12677	12811	40
41	69	11	52	92	31	70	07	43	79	13	41
42	71	13	54	94	34	72	09	46	81	16	42
43	74	16	57	97	36	74	12	48	83	18	43
44	76	18	59	99	38	77	14	50	86	20	44
45	79	20	61	12001	41	79	16	52	88	22	45
46	81	23	64	04	43	81	18	55	90	25	46
47	83	25	66	06	45	83	21	57	92	27	47
48	86	27	68	08	48	86	23	59	95	29	48
49	88	30	71	11	50	88	25	62	97	31	49
50	11590	11732	11873	12013	12152	12290	12428	12564	12699	12833	50
51	93	35	75	15	54	93	30	66	12701	36	51
52	95	37	78	18	57	95	32	68	04	38	52
53	98	39	80	20	59	97	34	71	06	40	53
54	11600	42	82	22	61	12299	37	73	08	42	54
55	02	44	85	25	64	12302	39	75	10	45	55
56	05	46	87	27	66	04	41	77	13	47	56
57	07	49	89	29	68	06	43	80	15	49	57
58	09	51	92	32	71	09	46	82	17	51	58
59	12	53	94	34	73	11	48	84	19	54	59
60	11614	11756	11896	12036	12175	12313	12450	12586	12722	12856	60

M.	80°	81°	82°	83°	84°	85°	86°	87°	88°	89°	M.
0'	12856	12989	13121	13252	13383	13512	13640	13767	13893	14018	0'
1	58	91	23	55	85	14	42	69	95	20	1
2	60	93	26	57	87	16	44	71	97	22	2
3	62	96	28	59	89	18	46	73	99	24	3
4	65	98	30	61	91	20	48	76	13902	26	4
5	67	13000	32	63	93	23	51	78	04	29	5
6	69	02	34	65	96	25	53	80	06	31	6
7	71	04	37	68	98	27	55	82	08	33	7
8	74	07	39	70	13400	29	57	84	10	35	8
9	76	09	41	72	02	31	59	86	12	37	9
10	12878	13011	13143	13274	13404	13533	13661	13788	13914	14039	10
11	80	13	45	76	06	35	63	90	16	41	11
12	82	15	47	79	09	38	65	92	18	43	12
13	85	18	50	81	11	40	68	94	20	45	13
14	87	20	52	83	13	42	70	97	22	47	14
15	89	22	54	85	15	44	72	99	25	49	15
16	91	24	56	87	17	46	74	13801	27	51	16
17	94	27	58	89	19	48	76	03	29	53	17
18	96	29	61	92	21	50	78	05	31	55	18
19	98	31	63	94	24	52	80	07	33	58	19
20	12900	13033	13165	13296	13426	13555	13682	13809	13935	14060	20
21	03	35	67	98	28	57	85	11	37	62	21
22	05	38	69	13300	30	59	87	13	39	64	22
23	07	40	72	02	32	61	89	16	41	66	23
24	09	42	74	05	34	63	91	18	43	68	24
25	11	44	76	07	37	65	93	20	45	70	25
26	14	46	78	09	39	67	95	22	47	72	26
27	16	49	80	11	41	70	97	24	50	74	27
28	18	51	83	13	43	72	99	26	52	76	28
29	20	53	85	15	45	74	13702	28	54	78	29
30	12922	13055	13187	13318	13447	13576	13704	13830	13956	14080	30
31	25	57	89	20	49	78	06	32	58	82	31
32	27	60	91	22	52	80	08	34	60	84	32
33	29	62	93	24	54	82	10	37	62	86	33
34	31	64	96	26	56	85	12	39	64	89	34
35	34	66	98	28	58	87	14	41	66	91	35
36	36	68	13200	31	60	89	16	43	68	93	36
37	38	71	02	33	62	91	18	45	70	95	37
38	40	73	04	35	65	93	21	47	72	97	38
39	42	75	07	37	67	95	23	49	75	99	39
40	12945	13077	13209	13339	13469	13597	13725	13851	13977	14101	40
41	47	79	11	41	71	99	27	53	79	03	41
42	49	82	13	44	73	13602	29	55	81	05	42
43	51	84	15	46	75	04	31	58	83	07	43
44	54	86	18	48	77	06	33	60	85	09	44
45	56	88	20	50	80	08	35	62	87	11	45
46	58	90	22	52	82	10	38	64	89	13	46
47	60	93	24	54	84	12	40	66	91	15	47
48	62	95	26	57	86	14	42	68	93	17	48
49	65	97	28	59	88	17	44	70	95	19	49
50	12967	13099	13231	13361	13490	13619	13746	13872	13997	14122	50
51	69	13101	33	63	92	21	48	74	99	24	51
52	71	04	35	65	95	23	50	76	14002	26	52
53	73	06	37	67	97	25	52	79	04	28	53
54	76	08	39	70	99	27	54	81	06	30	54
55	78	10	42	72	13501	29	57	83	08	32	55
56	80	12	44	74	03	31	59	85	10	34	56
57	82	15	46	76	05	34	61	87	12	36	57
58	85	17	48	78	08	36	63	89	14	38	58
59	87	19	50	80	10	38	65	91	16	40	59
60	12989	13121	13252	13383	13512	13640	13767	13893	14018	14142	60

CORDES DE 90 A 100 DEGRÉS.

M.	90°	91°	92°	93°	94°	95°	96°	97°	98°	99°	M.
0′	14142	14265	14387	14507	14627	14746	14863	14979	15094	15208	0′
1	44	67	89	09	29	48	65	81	96	10	1
2	46	69	91	11	31	49	67	83	98	12	2
3	48	71	93	13	33	51	69	85	15100	14	3
4	50	73	95	15	35	53	71	87	02	16	4
5	52	75	97	17	37	55	73	89	04	18	5
6	54	77	99	19	39	57	75	91	06	19	6
7	57	79	14401	21	41	59	77	93	08	21	7
8	59	81	03	23	43	61	78	95	09	23	8
9	61	83	05	25	45	63	80	96	11	25	9
10	14163	14285	14407	14527	14647	14765	14882	14998	15113	15227	10
11	65	87	09	29	49	67	84	15000	15	29	11
12	67	89	11	31	51	69	86	02	17	31	12
13	69	91	13	33	53	71	88	04	19	33	13
14	71	94	15	35	55	73	90	06	21	35	14
15	73	96	17	37	57	75	92	08	23	36	15
16	75	98	19	39	59	77	94	10	25	38	16
17	77	14300	21	41	61	79	96	12	27	40	17
18	79	02	23	43	63	81	98	14	28	42	18
19	81	04	25	45	65	83	14900	16	30	44	19
20	14183	14306	14427	14547	14667	14785	14902	15018	15132	15246	20
21	85	08	29	49	69	87	04	20	34	48	21
22	87	10	31	51	71	89	06	21	36	50	22
23	89	12	33	53	73	91	08	23	38	51	23
24	91	14	35	55	75	93	10	25	40	53	24
25	93	16	37	57	77	95	11	27	42	55	25
26	96	18	39	59	79	97	13	29	44	57	26
27	98	20	41	61	81	98	15	31	46	59	27
28	14200	22	43	63	82	14800	17	33	47	61	28
29	02	24	45	65	84	02	19	35	49	63	29
30	14204	14326	14447	14567	14686	14804	14921	15037	15151	15265	30
31	06	28	49	69	88	06	23	39	53	67	31
32	08	30	51	71	90	08	25	41	55	68	32
33	10	32	53	73	92	10	27	43	57	70	33
34	12	34	55	75	94	12	29	44	59	72	34
35	14	36	57	77	96	14	31	46	61	74	35
36	16	38	59	79	98	16	33	48	63	76	36
37	18	40	61	81	14700	18	35	50	65	78	37
38	20	42	63	83	02	20	37	52	66	80	38
39	22	44	65	85	04	22	39	54	68	82	39
40	14224	14346	14467	14587	14706	14824	14940	15056	15170	15283	40
41	26	48	69	89	08	26	42	58	72	85	41
42	28	50	71	91	10	28	44	60	74	87	42
43	30	52	73	93	12	30	46	62	76	89	43
44	32	54	75	95	14	32	48	64	78	91	44
45	34	56	77	97	16	34	50	66	80	93	45
46	36	58	79	99	18	36	52	67	82	95	46
47	38	60	81	14601	20	38	54	69	84	97	47
48	41	63	83	03	22	40	56	71	85	98	48
49	43	65	85	05	24	41	58	73	87	15300	49
50	14245	14367	14487	14607	14726	14843	14960	15075	15189	15302	50
51	47	69	89	09	28	45	62	77	91	04	51
52	49	71	91	11	30	47	64	79	93	06	52
53	51	73	93	13	32	49	66	81	95	08	53
54	53	75	95	15	34	51	68	83	97	10	54
55	55	77	97	17	36	53	69	85	99	12	55
56	57	79	99	19	38	55	71	87	15201	13	56
57	59	81	14501	21	40	57	73	88	02	15	57
58	61	83	03	23	42	59	75	90	04	17	58
59	63	85	05	25	44	61	77	92	06	19	59
60	14265	14387	14507	14627	14746	14863	14979	15094	15208	15321	60

M.	100°	101°	102°	103°	104°	105°	106°	107°	108°	109°	M.
0′	15321	15432	15543	15652	15760	15867	15973	16077	16180	16282	0′
1	23	34	45	54	62	69	74	79	82	84	1
2	25	36	47	56	64	71	76	81	84	86	2
3	26	38	48	58	66	72	78	82	85	87	3
4	28	40	50	59	67	74	80	84	87	89	4
5	30	42	52	61	69	76	81	86	89	91	5
6	32	44	54	63	71	78	83	88	91	92	6
7	34	45	56	65	73	79	85	89	92	94	7
8	36	47	58	67	75	81	87	91	94	96	8
9	38	49	59	68	76	83	88	93	96	97	9
10	15340	15451	15561	15670	15778	15885	15990	16094	16197	16299	10
11	41	53	63	72	80	87	92	96	99	16301	11
12	43	55	65	74	82	88	94	98	16201	03	12
13	45	57	67	76	83	90	95	16100	03	04	13
14	47	58	69	77	85	92	97	01	04	06	14
15	49	60	70	79	87	94	99	03	06	08	15
16	51	62	72	81	89	95	16001	05	08	09	16
17	53	64	74	83	91	97	02	07	09	11	17
18	54	66	76	85	92	99	04	08	11	13	18
19	56	68	78	87	94	15901	06	10	13	14	19
20	15358	15469	15579	15688	15796	15902	16008	16112	16214	16316	20
21	60	71	81	90	98	04	09	13	16	18	21
22	62	73	83	92	15800	06	11	15	18	19	22
23	64	75	85	94	01	08	13	17	20	21	23
24	66	77	87	96	03	09	15	19	21	23	24
25	68	79	89	97	05	11	16	20	23	24	25
26	69	80	90	99	07	13	18	22	25	26	26
27	71	82	92	15701	08	15	20	24	26	28	27
28	73	84	94	03	10	17	22	25	28	29	28
29	75	86	96	05	12	18	23	27	30	31	29
30	15377	15488	15598	15706	15814	15920	16025	16129	16231	16333	30
31	79	90	15600	08	16	22	27	31	33	35	31
32	81	92	01	10	17	24	29	32	35	36	32
33	82	93	03	12	19	25	30	34	37	38	33
34	84	95	05	14	21	27	32	36	38	40	34
35	86	97	07	15	23	29	34	37	40	41	35
36	88	99	09	17	24	31	36	39	42	43	36
37	90	15501	10	19	26	32	37	41	43	45	37
38	92	03	12	21	28	34	39	43	45	46	38
39	94	04	14	23	30	36	41	44	47	48	39
40	15395	15506	15616	15724	15832	15938	16042	16146	16248	16350	40
41	97	08	18	26	33	39	44	48	50	51	41
42	99	10	20	28	35	41	46	50	52	53	42
43	15401	12	21	30	37	43	48	51	54	55	43
44	03	14	23	32	39	45	49	53	55	56	44
45	05	15	25	33	40	46	51	55	57	58	45
46	07	17	27	35	42	48	53	56	59	60	46
47	08	19	29	37	44	50	55	58	60	61	47
48	10	21	30	39	46	52	56	60	62	63	48
49	12	23	32	40	48	53	58	62	64	65	49
50	15414	15525	15634	15742	15849	15955	16060	16163	16265	16366	50
51	16	26	36	44	51	57	62	65	67	68	51
52	18	28	38	46	53	59	63	67	69	70	52
53	20	30	39	48	55	60	65	68	70	71	53
54	21	32	41	49	56	62	67	70	72	73	54
55	23	34	43	51	58	64	68	72	74	75	55
56	25	36	45	53	60	66	70	73	76	76	56
57	27	37	47	55	62	67	72	75	77	78	57
58	29	39	49	57	64	69	74	77	79	80	58
59	31	41	50	58	65	71	75	79	81	81	59
60	15432	15543	15652	15760	15867	15973	16077	16180	16282	16383	60

CORDES DE 100 A 110 DEGRÉS.

M.	100°	101°	102°	103°	104°	105°	106°	107°	108°	109°	M.
0′	15321	15432	15543	15652	15760	15867	15973	16077	16180	16282	0′
6	32	44	54	63	71	78	83	88	91	92	6
12	43	55	65	74	82	88	94	98	16201	16303	12
18	54	66	76	85	92	99	16004	16108	11	13	18
24	66	77	87	96	15803	15909	15	19	21	23	24
30	77	88	98	15706	14	20	25	29	31	33	30
36	88	99	15609	17	24	31	36	39	42	43	36
42	99	15510	20	28	35	41	46	50	52	53	42
48	15410	21	30	39	46	52	56	60	62	63	48
54	21	32	41	49	56	62	67	70	72	73	54
60	15432	15543	15652	15760	15867	15973	16077	16180	16282	16383	60

CORDES DE 110 A 120 DEGRÉS.

M.	110°	111°	112°	113°	114°	115°	116°	117°	118°	119°	M.
0′	16383	16483	16581	16678	16773	16868	16961	17053	17143	17233	0′
6	93	92	91	87	83	77	70	62	52	41	6
12	16403	16502	16600	97	92	87	79	71	61	50	12
18	13	12	10	16707	16802	96	89	80	70	59	18
24	23	22	20	16	11	16905	98	89	79	68	24
30	33	32	29	26	21	15	17007	98	88	77	30
36	43	42	39	35	30	24	16	17107	97	85	36
42	53	51	49	45	40	33	25	16	17206	94	42
48	63	61	58	54	49	42	35	25	15	17303	48
54	73	71	68	64	58	52	44	34	24	12	54
60	16483	16581	16678	16773	16868	16961	17053	17143	17233	17321	60

CORDES DE 120 A 180 DEGRÉS.

D	0′	20′	40′	D	0′	30′	D	0′
120°	17321	17349	17378	140°	18794	18824	160°	19696
121	407	436	464	141	853	882	161	726
122	492	520	548	142	910	939	162	754
123	576	604	632	143	966	994	163	780
124	659	686	713	144	19021	19048	164	805
125	740	767	794	145	074	100	165	829
126	820	846	873	146	126	151	166	851
127	899	925	950	147	176	201	167	871
128	17976	18001	18027	148	225	249	168	890
129	18052	077	102	149	273	296	169	908
130	126	151	175	150	19319	19341	170	19924
131	199	223	247	151	363	385	171	938
132	271	294	318	152	406	427	172	951
133	341	364	387	153	447	468	173	963
134	410	433	455	154	487	507	174	973
135	478	500	522	155	526	545	175	981
136	544	565	587	156	563	581	176	988
137	608	630	651	157	598	616	177	993
138	672	692	713	158	633	649	178	997
139	733	754	774	159	665	681	179	999
140	18794	813	833	160	696	711	180	20000

FIN.

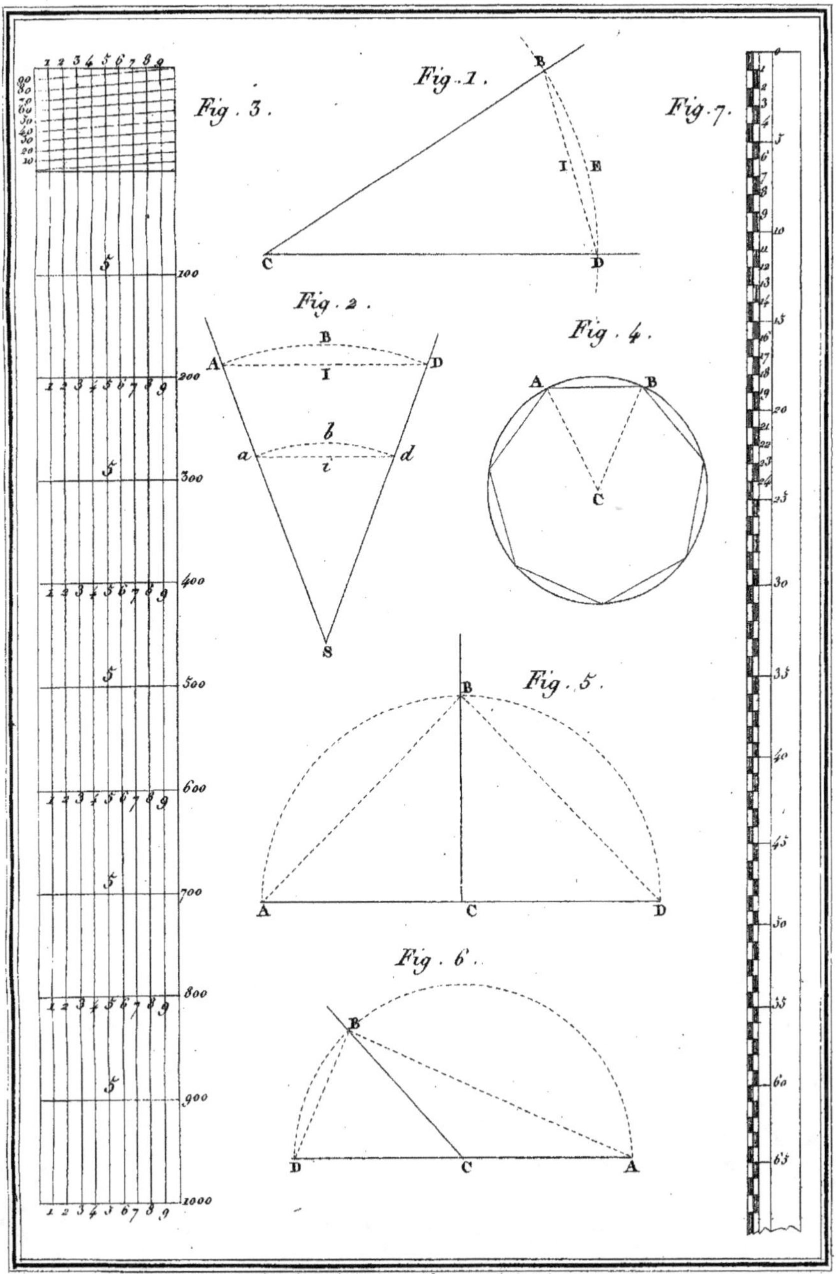

Fig. 1.

Fig. 2.

Fig. 3.

Fig. 4.

Fig. 5.

Fig. 6.

Fig. 7.

Gravé par Ambroise Tardieu rue du Battoir N.º 12.

www.ingramcontent.com/pod-product-compliance
Lightning Source LLC
LaVergne TN
LVHW021906180726
843502LV00008B/2921